NHK きょうの料理

冷凍快煮一人餐

會用微波爐就會煮！營養均衡、方便省時的烹飪密技

堤 人美／著

黃嫣容／譯

前言

我想到「寄送料理」這個點子，是在丈夫獨自到離島工作一陣子以後。和「能依照步調過著一人生活、帶著些許期待與雀躍」的我不同，丈夫是過著入夜後就寂靜不已的小島生活。為了處理三餐，他得從不太熟悉的採買開始學習，加上還有最麻煩的洗菜和切菜等步驟，於是他告訴我做菜好累。當下我便開始想著有沒有什麼好辦法呢？思考後得出的方法就是「把料理寄送過去」。

我想做出可以攝取蔬菜和肉類、可以兼顧營養、還要能方便食用，而且只要一盤就會有飽足感的料理。要能滿足食慾、簡單準備、只需要一個容器……。

我在超市看著面前的冷凍食品時，突然靈光一閃，心想：「不如試著做做看這樣的東西吧！」於是開始嘗試製作各式各樣的料理。冷凍的優點是可以自己加熱完成，就算是不太會做料理、覺得煮飯很麻煩的人，只要會使用微波爐，就可以做出彷彿自己從頭到尾製作好的溫熱料理。

這不只能寄送給分開生活的家人，也是為忙碌的人製作的「自助料理」。我覺得能為許多人送上溫暖美味的料理，是一件很幸福的事。

堤人美

目次

冷凍料理調理包

※本書是以「NHK きょうの料理」節目中的內容為基礎，再加入新創作的食譜後編輯而成。並非將節目中的內容直接刊載。

製作料理之前

● 材料表下方記載的熱量和含鹽量，如果沒有特別註明的話，皆是指估計的 1 人份數值。

● 本書中使用的量杯 1 杯＝ 200㎖，量匙則是 1 大匙＝ 15㎖、1 小匙＝ 5㎖。1㎖＝ 1 cc。

● 本書中使用「顆粒雞高湯調味粉（洋風）」來當作雞湯粉或是雞高湯，以「顆粒雞高湯調味粉（中式風味）」來當作雞骨熬出的高湯，兩者皆是市面上販售的產品。

● 微波爐等料理用的機器，請詳細閱讀使用說明書後，以正確的方式操作。

● 放入微波爐加熱時，請避免使用金屬或是有金屬部分的容器、不適合高溫的玻璃容器、漆器、木製容器、竹製容器、紙製容器，或是耐熱溫度不到140℃的矽膠容器等。這會使機器故障或發生意外。

● 本書中記載的微波爐加熱時間，皆是以600W為基準。如果使用700W的話，請將時間設定為約0.8倍；用500W的話，請將時間設定為約1.2倍。

● 書中記載的微波爐加熱時間只是參考，可能因機型不同而有所差異，請一邊觀察加熱情況一邊增減時間。

● 微波加熱時使用的保鮮膜，請先確認使用說明中記載的耐熱溫度後，再以正確的方式使用。

適合宅配的冷凍料理食譜，
是提供給獨自生活、
一個人吃飯的人最棒的支援！

不會做料理也沒問題！
因為是親手做的所以更安心！

適合宅配的一人份冷凍料理食譜
7大優點

1 飯和麵以外的食材都直接冷凍！

只要將食材切好並調味後，和調味料一起裝進袋子裡。
不用開火所以輕鬆又簡單。

2 要吃的時候在冷凍狀態下直接微波！

從冷凍庫取出後，直接放進微波爐裡加熱即可。
不需要花時間自然解凍。
※「冷凍料理調理包」章節中，也有在冷凍狀態下直接放進鍋子或平底鍋中製作的食譜。

3 一個人剛好吃得完的分量！

為了能將料理全部吃完、不浪費食物，本書中的冷凍料理食譜皆是1袋＝1人份。

4 配料滿滿、營養豐富！

為了能在一餐中滿足飽足感與營養，每一袋料理的素材都很豐富。

5 味道充分融合，美味升級！

在冷凍期間，食材可以慢慢地釋放味道、互相融合，能夠做出更美味的料理。

6 即使是忙碌的上班日，回家也能馬上吃晚餐！

只要冷凍庫裡有冷凍料理，不需大費周章也能享用手作料理。

7 可以做給自己在家的家人，
也可以作為平時的常備料理！

不只可以做給在遠方生活的家人、留在家看家的家人，
作為自己享用的餐點也非常方便。

冷凍飯類料理
即使冷凍過還是很好吃，
早上微波加熱後，
也可以做成飯糰
帶便當！

製作冷凍料理所需的
調理時間

冷凍料理用微波爐加熱
所需的時間

冷凍後的樣子

微波完成
10分

冷凍前的
準備
5分

蝦仁奶油飯

重現令人懷念的日本昭和時代喫茶店滋味。
讓人心靈沉靜的溫和味道。

冷凍前的準備

1　將紅蘿蔔切成7mm的小丁。去除四季豆的蒂頭和筋絲後，再切成小圓片或是7mm寬。蝦仁若有腸泥的話先去除，用加入少許鹽的水洗過後擦乾水分，撒上少許鹽、胡椒、料理酒。

2　在冷凍保鮮袋中裝入白飯後整平，依序放入洋蔥、奶油1大匙（約10g）、紅蘿蔔、四季豆、蝦仁，撒上 A 後冷凍。

材料（1人份）
白飯（放涼的）…200g
蝦仁…5尾（35g）
紅蘿蔔…2cm（20g）
四季豆…3根（約20g）
洋蔥（切成碎末）…⅛個份（25g）
A 鹽…½小匙
　胡椒…少許
● 鹽、胡椒、料理酒、奶油
◎460kcal ◎含鹽量3.6g

冷凍前的製作步驟

將食材事先準備好、裝進冷凍保鮮袋，到放入冷凍庫保存為止的作法。

freezing

冷凍前的樣子

微波完成

從袋子中取出，將配料和白飯分開，依序放在耐高溫的容器上。
蓋上保鮮膜微波4分鐘 ➡ 充分攪拌
➡ 蓋上保鮮膜微波4分鐘 ➡ 攪拌
➡ 不蓋保鮮膜再微波1分鐘

＊詳細的冷凍前準備和微波完成的方法請參考P13。　16

**1人份的熱量和
含鹽量**

用微波爐加熱完成的步驟

用微波爐將冷凍料理解凍、加熱，到食用為止的作法。騰寫在便條紙上或拍照下來，在寄送料理時一起寄出，或以電子郵件寄送給對方吧！

※「冷凍料理調理包」不只使用微波爐，也有部分食譜需要用到平底鍋和鍋子。

3 將袋口密封

將袋口完全封上後整平。

事先整平成薄薄一片的話，可以加快冷凍速度，放入冷凍庫時也會比較好收納。

4 快速冷凍

放在金屬製淺盤中，再放入冷凍庫5個小時以上，快速冷凍。

要讓食材保持美味，重點就是要在短時間內快速冷凍。金屬製淺盤的導熱快，對於快速冷凍來說很有效。

5 以冷凍庫保存

從淺盤中取出，再放回冷凍庫保存。以直立的方式保存比較容易找到，也便於取出。

放在冷凍庫中可以保存約3個禮拜（所有的料理皆是）。

事前準備

準備冷凍保鮮袋

本書中所有的冷凍料理都是使用M尺寸（19×18cm）的冷凍夾鏈保鮮袋。

1 整平

將飯、麵或配料放入保鮮袋後，一邊壓平一邊封上袋口。

2 排出空氣

將袋口密封到只剩一點點開口時，把袋子從下方往上捲起，徹底排出空氣。

食材在冷凍期間接觸空氣會「凍傷」*，所以要盡量做到接近真空的狀態。

＊因冷凍而使食材表面水分散失、變得乾燥、氧化、變色、味道走味等，就稱為「凍傷」。

宅配時的注意事項

第一次嘗試寄送冷凍料理給我先生時，有幾個地方做錯了。我認為將多種料理一次大量寄送會比較有效率，基於衛生安全的考量，想讓料理保持在充分冷凍的狀態下寄送，所以用了很大的保麗龍箱打包起來。覺得自己準備萬全後請宅配業者來家裡收貨，沒想到竟然要重新打包……。

要以冷凍方式宅配的話，如果將料理放到保麗龍等材質的保冷箱中，會阻隔保冷車中的冷氣而導致料理解凍，原本想保冷卻產生反效果。打包時，還是最適合使用透氣度佳的紙箱。為了避免在運送時破損，可以在空隙中塞入透氣性佳的報紙。氣泡紙緩衝材或塑膠袋等也會妨礙冷卻，所以並不適合。箱子太大的話冷氣無法完全滲入，夏天時最壞的情況下還可能導致料理解凍。以裝水果的小箱子等為基準，盡量不要用太大的箱子包裝。

貼心小提示

為了方便整理或調理，要預先寫上料理名稱、用微波爐調理或用鍋子加熱時的簡單步驟。可以寫在袋子上，也可以寫在紙膠帶貼到袋子上，或是寫在便條紙一起放進箱子裡寄送過去。當然，也可以拍下食譜的照片，用電子郵件寄給對方。

宅配時的確認清單 ☑

☐ 在冷凍庫中完全冷凍約3天後，再請業者來收貨。

☐ 考量對方冰箱的空間來決定寄送的數量。

☐ 不要使用保冷箱，適合用一般的紙箱。

☐ 箱子的大小以裝水果的小箱子為基準。

☐ 最適合的緩衝材是報紙。

冷凍飯類料理

從炒飯、奶油飯、油飯、燉飯到散壽司，
所有必備的調味飯類料理都可以不開火，只用微波爐製作完成！
稍微掌握用微波爐加熱的訣竅，
米飯也可以做出乾爽且粒粒分明，或是濕潤的口感，
美味程度和原本的作法相比毫不遜色。

微波完成
10分

冷凍前的
準備
5分

freezing

咖哩炒飯

在冷凍期間，咖哩的風味會充分地滲透進食材裡。
最後「在微波時不要使用保鮮膜」是做出乾爽口感的關鍵。
放上溫泉蛋和荷包蛋也會很好吃。

利用微波讓味道滲透進白飯裡，所以食材要確實事先調味！

微波完成

1 將配料和白飯分開

從袋中取出，將配料和白飯分開。就算還在冷凍狀態也可以輕鬆地分離。

在冷凍的狀態下取出。如果很難取出的話，可以用剪刀將袋子剪開。

2 將配料、白飯依序疊放

依照配料、白飯的順序重疊放進耐高溫容器中。白飯解凍需要花一些時間，放在配料上面會比較容易受熱。

3 在半解凍的狀態下先攪拌一次

蓋上保鮮膜用微波爐加熱4分鐘 ➡ 在半解凍時充分攪拌。在完全解凍前先攪拌一次，是讓白飯和配料能融為一體的關鍵。

保鮮膜不用緊緊包好，只要鬆鬆地蓋上就好。微波爐使用的是600W的。攪拌時可以用橡皮刮刀或湯匙等工具。

4 解凍後再次攪拌

蓋上保鮮膜加熱3分鐘 ➡ 解凍後將整體混拌、使味道融合 ➡ 不蓋保鮮膜用微波爐再加熱1分鐘。

蓋上保鮮膜放入微波爐加熱、然後混合的時候，整體呈現濕潤的狀態。想要做出乾爽的料理，最後請以不蓋保鮮膜的狀態放入微波爐加熱，蒸散多餘的水分。

材料（1人份）
白飯（放涼的）…200g
A 豬絞肉 … 50g
　 洋蔥 … ⅛個（25g）
　 青椒 … ½個（15g）
　 伍斯特醬 … 1大匙
　 咖哩粉 … 1小匙
　 鹽 … ⅙小匙
　 胡椒 … 少許
● 奶油
◎ 530kcal　◎ 含鹽量2.7g

冷凍前的準備

1 將食材事先調味

將洋蔥切成7mm的小丁。青椒去除蒂頭和種籽，並切成和洋蔥一樣的大小。在調理盆中放入A，充分混合攪拌。

2 先將白飯填入袋中

在冷凍保鮮袋中裝入白飯後整平。先放入白飯再放入配料會比較好裝。

3 放入配料

在2中加入1，在配料上放上½大匙奶油（約5g）後冷凍。先將白飯和配料分別裝入袋中，之後在微波時會比較好操作。

★詳細的冷凍方法請參照P.9（P.12～P.32皆相同）。

番茄奶油雞肉飯

濃郁的番茄醬和奶油風味，
簡直讓人無法相信沒有炒過，
是一款近乎完美的番茄奶油雞肉飯。

冷凍前的準備

1 將洋蔥、紅蘿蔔切成7mm的小丁。將雞肉切成1cm的小塊，撒上少許鹽和胡椒。

2 在冷凍保鮮袋中裝入白飯後整平，依序放入洋蔥、紅蘿蔔、奶油1大匙（約10g）、雞肉、番茄醬3大匙後冷凍。

材料（1人份）
白飯（放涼的）… 200g
雞胸肉 … 30g
洋蔥 … 1/8 個（25g）
紅蘿蔔 … 2cm（20g）
● 鹽、胡椒、奶油、番茄醬
◎ 540kcal　◎含鹽量2.1g

freezing

微波完成

從袋子中取出，將配料和白飯分開，依序放在耐高溫的容器上。
蓋上保鮮膜微波4分鐘 ➡ 充分攪拌 ➡
蓋上保鮮膜微波3分鐘 ➡ 攪拌 ➡ 不蓋保鮮膜再微波1分鐘。

也可以做成蛋包飯！

放上口感黏糊的半熟歐姆蛋，就能輕鬆做出蛋包飯。再淋上番茄醬就完成了。

歐姆蛋的作法

在平底鍋中放入2小匙沙拉油，開中火加熱，倒入充分打散的蛋液1個份。用耐高溫橡皮刮刀從中央往外側大幅混拌1～2次，煎到半熟的狀態為止。

★詳細的冷凍前準備和微波完成的方法請參考P.13。

蝦仁奶油飯

重現令人懷念的日本昭和時代喫茶店滋味。
讓人心靈沉澱的溫和味道。

冷凍前的準備

1 將紅蘿蔔切成7mm的小丁。去除四季豆的蒂頭和筋絲後，再切成小圓片或是7mm寬。蝦仁若有腸泥的話先去除，用加入少許鹽的水洗過後擦乾水分，撒上少許鹽、胡椒、料理酒。

2 在冷凍保鮮袋中裝入白飯後整平，依序放入洋蔥、奶油1大匙（約10g）、紅蘿蔔、四季豆、蝦仁，撒上A後冷凍。

材料（1人份）
白飯（放涼的）… 200g
蝦仁 … 5尾（35g）
紅蘿蔔 … 2cm（20g）
四季豆 … 3根（約20g）
洋蔥（切成碎末）… ⅛個份（25g）
A │ 鹽 … ½小匙
　 │ 胡椒 … 少許
● 鹽、胡椒、料理酒、奶油
◎ 460kcal　◎ 含鹽量3.6g

微波完成

從袋子中取出，將配料和白飯分開，依序放在耐高溫的容器上。
蓋上保鮮膜微波4分鐘 ➡ 充分攪拌
➡ 蓋上保鮮膜微波4分鐘 ➡ 攪拌
➡ 不蓋保鮮膜再微波1分鐘。

★詳細的冷凍前準備和微波完成的方法請參考P.13。

鮪魚菇菇奶油飯

加入3種菇類、鮪魚和玉米粒，繽紛多彩的奶油飯。
菇類冷凍後鮮味會更加濃郁。

材料（1人份）

白飯（放涼的）… 200g
鮪魚（罐頭／油漬）… 30g
鴻禧菇 … 20g
杏鮑菇 … 1根（40g）
新鮮香菇 … 2朵（40g）
玉米（罐頭／顆粒）
　… 1大匙（25g）

A　橄欖油 … 1大匙
　　醬油 … 略多於1小匙
　　鹽、胡椒 … 各少許

◎590kcal　　◎含鹽量2.0g

冷凍前的準備

1　瀝除鮪魚罐頭的湯汁。切除鴻禧菇的根部後，再切成1cm長。杏鮑菇切成1cm的小丁。新鮮香菇去除硬蒂後，切成1cm的小丁。

2　在冷凍保鮮袋中裝入白飯後整平，依序放入菇類、玉米、鮪魚後撒上A，冷凍保存。

freezing

微波完成

從袋子中取出，將配料和白飯分開，依序放在耐高溫的容器上。
蓋上保鮮膜微波4分鐘 ➡ 充分攪拌 ➡ 蓋上保鮮膜微波3分鐘 ➡ 攪拌 ➡ 不蓋保鮮膜再微波1分鐘。

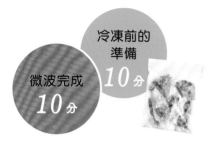

冷凍前的
準備
10分

微波完成
10分

西班牙燉飯

在壓平成薄薄一片的白飯上鋪上食材，然後淋上橄欖油，
這就是能做出充滿香氣、接近正統西班牙燉飯的祕訣。
橄欖油的風味既豐醇且芬芳。

冷凍前的準備

1 將蛤蜊的殼搓洗乾淨。將烏賊去皮後切
　成寬1cm的圓環狀，撒上$\frac{1}{4}$小匙的鹽和
　少許胡椒。去除甜椒的蒂頭和籽，縱向
　切成1cm寬。

2 在冷凍保鮮袋中裝入白飯，薄薄地鋪滿
　後壓平，在表面依序放上洋蔥、蒜頭、
　黑橄欖、蛤蜊、烏賊、甜椒。在鋪好的
　食材上淋上1大匙橄欖油後冷凍。

材料（1人份）
白飯（放涼的）… 200g
蛤蜊（吐沙後）… 6個（80g）
烏賊（身體處）30g
甜椒（紅色、黃色）… 各$\frac{1}{5}$個（各20g）
洋蔥（切成碎末）… $\frac{1}{8}$個份（25g）
蒜頭（切成碎末）… $\frac{1}{2}$小匙
黑橄欖（無籽／切成圓環狀）… 10g
● 鹽、胡椒、橄欖油
◎ 530kcal　◎含鹽量 2.5g

微波完成

從袋子中取出，放在耐高溫的盤子上。
蓋上保鮮膜微波4分鐘 ➡ 充分攪拌 ➡
蓋上保鮮膜微波3分鐘 ➡ 攪拌 ➡ 不蓋
保鮮膜再微波1分鐘。

freezing

★詳細的冷凍前準備和微波完成的方法請參考P.13。

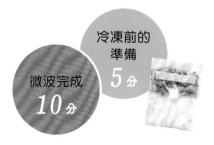

蒜香炒飯

冷凍時，蒜頭的風味會充分滲透到牛肉裡，
產生讓人印象深刻的滋味。
想增強體力時，很推薦這道料理。

冷凍前的準備

1 將紅蘿蔔切成1cm的小丁。四季豆去除
蒂頭和筋絲後，切成1cm寬。牛肉切成
方便食用的大小，加入 A 搓揉入味。

2 在白飯中加入少許鹽和黑胡椒，灑上2
小匙沙拉油後攪拌（如下方照片）。放
入冷凍保鮮袋中鋪平，依序加入1的食
材，在蔬菜上放上½大匙的奶油（約
5g）後冷凍。

材料（1人份）

白飯（放涼的）… 200g
紅蘿蔔 … 2cm（20g）
四季豆 … 3根（20g）
牛肉的邊角肉 … 60g
A　蒜頭（磨成泥）… 少許
　　鹽、胡椒 … 各少許
　　醬油 … 1小匙
● 鹽、粗磨黑胡椒、沙拉油、奶油
◎660kcal　◎含鹽量2.6g

事先讓白飯裹滿沙拉
油，就能做出剛炒好
般的口感。

微波完成

從袋子中取出，將配料和白飯分開，依
序放在耐高溫的容器上。
蓋上保鮮膜微波4分鐘 ➡ 充分攪拌 ➡
蓋上保鮮膜微波3分鐘 ➡ 攪拌 ➡ 不蓋
保鮮膜直接微波1分鐘。

醃漬芥菜炒飯

用麻油為白飯增添滿滿的風味，
和醃漬芥菜的鮮味產生加乘效果，讓食慾UPUP！

freezing

材料（1人份）

白飯（放涼的）… 200g

醃漬芥菜 … 30g

新鮮香菇 … 2朵（40g）

豬肉的邊角肉 … 50g

A ｜ 醬油 … 1小匙
　｜ 鹽、胡椒 … 各少許

● 鹽、胡椒、麻油

◎590kcal　◎含鹽量2.7g

冷凍前的準備

1　將醃漬芥菜放進可蓋過表面的水中約1分鐘，去除鹽分，擰乾水分後切成粗末。去除香菇的硬蒂，切成約7mm的小丁。

2　在白飯中加入少許鹽和胡椒，再灑上2小匙麻油後混拌。在豬肉上撒上 A 預先調味。

3　在冷凍保鮮袋中裝入白飯後整平，依序放入醃漬芥菜、香菇、豬肉，冷凍保存。

微波完成

從袋子中取出，將配料和白飯分開，依序放在耐高溫的容器上。
蓋上保鮮膜微波4分鐘 ➡ 充分攪拌
➡ 蓋上保鮮膜微波3分鐘 ➡ 攪拌
➡ 不蓋保鮮膜再微波1分鐘。

★詳細的冷凍前準備和微波完成的方法請參考P.13。

伍斯特醬炒飯

用伍斯特醬＋起司＋奶油的濃郁三重奏，
做出香醇美味的炒飯。

材料（1人份）
白飯（放涼的）… 200g
甜椒（紅色）… $\frac{1}{5}$個（20g）
牛肉的邊角肉 … 60g
A 洋蔥（切成粗末）
　　… $\frac{1}{8}$個份（25g）
　披薩用起司絲 … 1大匙（10g）
　奶油 … 1大匙（約10g）
伍斯特醬 … 1$\frac{1}{3}$大匙
● 鹽、胡椒
◎ 670kcal　◎含鹽量 2.8g

冷凍前的準備

1　去除甜椒的蒂頭和種籽，切成7mm
　的小丁。將牛肉切成方便食用的大
　小，撒上少許鹽和胡椒。

2　在冷凍保鮮袋中裝入白飯後整平，
　依照順序放入A、甜椒、牛肉、伍
　斯特醬，冷凍保存。

freezing

微波完成

從袋子中取出，將配料和白飯分開，依序放在
耐高溫的容器上。
蓋上保鮮膜微波4分鐘 ➡ 充分攪拌 ➡ 蓋上保
鮮膜微波3分鐘 ➡ 攪拌 ➡ 不蓋保鮮膜再微波
1分鐘。

韓式石鍋拌飯

調味涼拌蔬菜和韓式辣醬是美味的關鍵！
也可以在微波後加入生雞蛋攪拌，稍微中和一下辣味。

冷凍前的準備

1 將小松菜切成2cm長。紅蘿蔔切成絲。去除豆芽菜的根部。將這些蔬菜放入調理盆中，加入**A**攪拌。

2 將牛肉切成方便食用的大小，沾裹韓式辣醬（如照片）。

3 在冷凍保鮮袋中裝入白飯後整平，依照順序放入*1*、*2*，冷凍保存。

先用韓式辣醬將牛肉醃漬調味備用。

freezing

材料（1人份）

白飯（放涼的）… 200g
小松菜 … 1株（40g）
紅蘿蔔 … 2cm（20g）
豆芽菜 … 20g
A 麻油 … 2小匙
　　磨碎的白芝麻、醬油 … 各1小匙
　　蒜頭（磨成泥）… 少許
　　鹽、胡椒 … 各少許
牛肉的邊角肉 … 60g
韓式辣醬 … 1大匙
◎690kcal ◎含鹽量2.5g

微波完成

從袋子中取出，將配料和白飯分開，依序放在耐高溫的容器上。
蓋上保鮮膜微波4分鐘 ➡ 充分攪拌
➡ 蓋上保鮮膜微波3分鐘 ➡ 攪拌
➡ 不蓋保鮮膜再微波1分鐘。

★詳細的冷凍前準備和微波完成的方法請參考P.13。

什錦油飯

冷凍前的
準備
5分
（不包含泡開
乾香菇的時間）

微波完成
10分

沒有使用糯米，可是卻濕潤又有彈性。
透過濃厚的調味做成接近油飯的滋味。

材料（1人份）
白飯（放涼的）… 200g
乾香菇 … 2朵
紅蘿蔔 … 2cm（20g）
豬五花肉（薄片）… 50g
A　蠔油 … $2\frac{1}{2}$ 小匙
　　醬油 … $\frac{1}{2}$ 小匙
　　鹽、胡椒 … 各少許
B　薑（切成細絲）… $\frac{1}{2}$ 節份（5g）
　　銀杏（乾燥包裝或是水煮的）
　　　… 5個（15g）
　　栗子（去皮的）… 5個（25g）
● 麻油
◎ 740kcal　◎ 含鹽量2.7g

冷凍前的準備

1 將乾香菇泡在水中一晚（約8小
　時），切除硬蒂後再切成1cm的小
　丁。紅蘿蔔切成1cm的小丁。將豬
　肉切成1cm寬並沾裹A。

2 在白飯上灑上2小匙麻油（如下方
　照片），然後攪拌。放入冷凍保鮮
　袋中鋪平，依照順序放入B、1的
　香菇、紅蘿蔔、豬肉後冷凍。

微波完成

從袋子中取出，將配料和白飯分
開，依序放在耐高溫的容器上。
蓋上保鮮膜微波4分鐘 ➡ 充分攪
拌 ➡ 蓋上保鮮膜微波4分鐘 ➡ 攪
拌。

freezing

將白飯沾裹麻油，取
代拌炒糯米的步驟。

★詳細的冷凍前準備和微波完成的方法請參考P.13。

番茄燉飯

冷凍燉飯的口感就像雜炊般柔軟，
白飯吸飽了從番茄釋出的水分。

冷凍前的準備

材料（1人份）

白飯（放涼的）… 100g

番茄（熟成的）… 1個（150g）

A 洋蔥（切碎）… 1/8 個份（25g）
　起司粉 … 1大匙
　奶油 … 1大匙（約10g）
　鹽 … 1/3 小匙
　胡椒 … 少許

◎310kcal　◎含鹽量2.4g

1 去除番茄的蒂頭後，切成6等分的
半月形，再橫向切成2～3等分。

2 在冷凍保鮮袋中裝入白飯後整平，
依照順序放入 A、*1* 的番茄，冷凍
保存。

freezing

微波完成

從袋子中取出，將配料和白飯分
開，依序放在耐高溫的容器上。
不覆蓋保鮮膜微波6分鐘 ➡ 充分攪
拌。

★詳細的冷凍前準備和微波完成的方法請參考 P.13。

青花菜
起司燉飯

在微波前加水，做成有湯汁的燉飯。
解凍時加入酒，風味會更加提升。

材料（1人份）

白飯（放涼的）… 100g

青花菜 … 80g

洋蔥（切成粗末）… 1/8 個份（25g）

起司粉 … 1大匙

A　顆粒雞高湯調味粉（西式）
　　　… 1/6 小匙
　　鹽… 1/3 小匙
　　胡椒 … 少許

● 奶油、料理酒

◎ 310kcal　　◎ 含鹽量2.7g

冷凍前的準備

1 將青花菜分成小朵，大略切碎。

2 在冷凍保鮮袋中裝入白飯後整平，
依照順序放入洋蔥、起司粉、奶油
1大匙（約10g）、青花菜，撒上
A後冷凍。

微波完成

從袋子中取出，將配料和白飯分
開，依序放在耐高溫的容器上。
加入120㎖的水、1大匙料理酒。
不蓋保鮮膜微波6分鐘 ➡ 充分攪
拌 ➡ 不蓋保鮮膜微波3分鐘 ➡ 攪
拌。

青花菜不像番茄那樣
會釋放出水分，所以
要加水。

中華風味雞肉粥

雞柳條的鮮味產生溫和的滋味。
很適合疲勞或是沒有食慾的時候，也可以當作早餐。

freezing

材料（1人份）
白飯（放涼的）… 75g
雞柳條 … $\frac{1}{2}$條（30g）
A｜鹽 … $\frac{1}{4}$小匙
　｜胡椒 … 少許
新鮮香菇 … 1朵（20g）
薑（切成細絲）… $\frac{1}{2}$節份（5g）
●麻油
◎210kcal　◎含鹽量1.5g

冷凍前的準備

1 去除香菇的蕈柄後切成薄片。挑去雞柳條上的筋，切成1cm的小丁，再撒上 A。

2 讓白飯沾裹上1小匙的麻油，在冷凍保鮮袋中裝入白飯後整平，依照順序放入薑、*1* 的香菇和雞柳條，冷凍保存。

微波完成

從袋子中取出，將配料和白飯分開，依序放在耐高溫的容器上。加入1杯水。
不蓋保鮮膜微波5分鐘 ➡ 充分攪拌 ➡ 不蓋保鮮膜微波3分鐘 ➡ 攪拌。

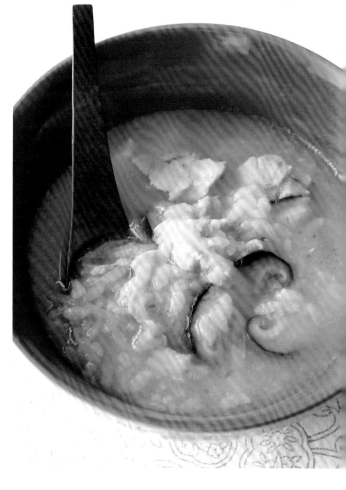

★詳細的冷凍前準備和微波完成的方法請參考P.13。

雞蛋雜炊

只要冷凍庫中有這道料理，身體不適時也能安心。
不使用高湯，雞蛋等微波調理時再加入。

材料（1人份）

白飯（放涼的）… 75g

A｜ 半乾魩仔魚 … 20g
　　 炸豆皮 … ½片（20g）
　　 海苔粉 … 1小匙

蛋液 … 1個份

● 醬油

◎ 300kcal ◎ 含鹽量 1.6g

冷凍前的準備

1 用熱水快速燙過炸豆皮，去除油脂，切成3mm的小丁。

2 在冷凍保鮮袋中裝入白飯後整平，依照順序放入A，冷凍保存。

freezing

微波完成

從袋子中取出，將配料和白飯分開，依序放在耐高溫的容器上。加入1杯水、½小匙醬油。

不蓋保鮮膜微波3分鐘 ➡ 充分攪拌 ➡ 不蓋保鮮膜微波2分鐘 ➡ 攪拌，加入打散的蛋液（如照片），不蓋保鮮膜微波40秒～1分鐘。

加入打散的蛋液，做出半熟蛋的感覺。

微波完成
10分

冷凍前的
準備
10分
（不含煎蛋皮
冷卻的時間）

散壽司

就像精心製作的料理般華麗！
是適合趁熱品嚐的關西風味散壽司。
在冷凍期間，壽司醋會更加滲透到白飯裡。

冷凍前的準備

1 在冷凍保鮮袋中裝入白飯，將壽司醋的材料混合後
稍微攪拌，淋在白飯上（如照片1）。

2 在平底鍋（直徑20cm的最適合）中放入½小匙沙
拉油，開中火加熱，倒入蛋液。將兩面煎過、製作
煎蛋皮，煎好後放涼。將蛋皮切細，做成細蛋絲。

3 去除香菇的硬蒂並切成薄片，再灑上各1大匙的味
醂和醬油（照片2）。去除四季豆的蒂頭和筋絲，切
成小段。蝦仁背上如果有腸泥就先去除，用加入少
許鹽的水清洗過後擦乾水分。

4 將1的白飯整平，在上面放上3的香菇，再依序將細
蛋絲（如照片3）、四季豆撒滿表面，放上蝦仁後冷
凍。

材料（1人份）

白飯（放涼的）… 200g
壽司醋
　醋 … 1大匙
　砂糖 … ½大匙
　鹽 … ⅓小匙
蛋液 … 1個份
新鮮香菇 … 2朵（40g）
四季豆 … 1根（7g）
蝦仁 … 5尾（35g）
● 沙拉油、味醂、
　醬油、鹽
◎ 510kcal　◎含鹽量3.1g

1

就算沒有將壽司醋攪
拌至味道融入飯裡，
在冷凍時就會滲透進
去。

2

搓揉香菇醃漬入味，
做成甜甜的燉煮滋
味。

3

不要將白飯和配料都
緊實地鋪平填滿，就
能做出比較蓬鬆輕盈
的口感。

微波完成

從袋子中取出，放在耐高溫的容器上。
蓋上保鮮膜微波4分鐘 ➡ 輕輕撥散，將細蛋絲撥散
到幾乎覆蓋住白飯 ➡ 蓋上保鮮膜微波2分鐘。
不需攪拌直接盛盤，將白飯鬆鬆地延展開來。
※用細蛋絲將白飯覆蓋住，是為了避免邊緣的飯變乾硬。

★詳細的冷凍前準備和微波完成的方法請參考P.13。　**30**

鮭魚梅肉散壽司

用梅乾的酸味和鹹味取代壽司醋，
不論是冷冷地吃還是熱熱地吃，都好吃得不得了。

冷凍前的準備

1 將荷蘭豆斜斜地切成細絲。用菜刀稍微拍碎梅乾，裹上½大匙的味醂（如照片）。將鮭魚切成4等分，如果有骨頭都要挑出。

2 在冷凍保鮮袋中裝入白飯，薄薄鋪滿後整平，在表面依序撒滿梅肉、荷蘭豆絲、白芝麻，放上鮭魚後冷凍。

材料（1人份）
白飯（放涼的）… 200g
鹽漬鮭魚（微鹹╱切片）… ½片（50g）
梅乾（去籽）… 大的1個（淨重10g）
荷蘭豆（去除蒂頭與筋絲）… 6片
白芝麻 … 1小匙
● 味醂
◎ 480kcal ◎ 含鹽量 2.5g

用味醂補足梅肉的甜味，代替壽司醋中的砂糖。

freezing

微波完成

從袋子中取出，放在耐高溫的容器上。
蓋上保鮮膜微波4分鐘 ➡ 一邊輕輕撥散一邊確實混合 ➡ 蓋上保鮮膜微波3分鐘 ➡ 攪拌。

冷凍麵類料理

義大利麵、炒麵、米粉、烏龍麵，各式各樣的麵類全都不需要開火，只要用微波爐加熱就能完成。

為了避免讓沒有湯汁的麵條黏在一起，要事先裹上油脂後再冷凍，這麼一來即使冷凍也能保持麵的美味，微波後會變得較為柔軟，是很適合長輩或兒童食用的軟硬度。

冷凍前的
準備

10分

（不含義大利麵
冷卻的時間）

微波完成

10分

番茄義大利麵

在番茄醬汁中加入大量配料，讓分量更升級！
義大利麵煮得柔軟些，不論兒童或長輩都能輕鬆食用。
加入蒜油是做出絕佳風味的訣竅。

先將麵裹上油脂，就不會黏在一起且更容易拌開！

微波完成

1 將配料和麵一起放到耐高溫容器裡

從袋中取出，放進耐高溫容器中。麵很容易解凍，所以不用和配料分開也沒關係。

在冷凍的狀態下取出。如果很難取出的話，可以用剪刀將袋子剪開。

2 在半解凍的狀態下先攪拌一次

蓋上保鮮膜用微波爐加熱4分鐘 ➡ 在半解凍時充分攪拌 ➡ 蓋上保鮮膜加熱3分鐘 ➡ 解凍後將整體混拌、使味道融合。

保鮮膜不用緊緊包好，只要鬆鬆地蓋上就好。微波爐使用的是600W的。攪拌時可以用筷子等工具。

材料（1人份）
義大利麵（直徑1.9mm）… 80g
洋蔥 … $\frac{1}{8}$個（25g）
鴻禧菇 … $\frac{1}{3}$包（30g）
蝦子（無頭／帶殼）… 4尾（40g）
蒜頭（切成粗末）… 2小匙
A｜ 水煮番茄（罐頭／切好的）… $\frac{1}{4}$罐（100g）
　｜ 醬油 … 1小匙
　｜ 鹽 … $\frac{1}{6}$小匙
　｜ 胡椒 … 少許
● 鹽、胡椒、橄欖油
◎ 500kcal　◎含鹽量3.0g

冷凍前的準備

1 將麵先以油脂拌好

將義大利麵放入加了鹽的滾水中（在1～1.5 ℓ 的熱水中加入10～15g的鹽〈熱水總量的1%〉），水煮時間縮短至比包裝袋上標示的少3分鐘。確實瀝乾水分，放入冷凍保鮮袋中。加入少許胡椒、$\frac{1}{2}$大匙的橄欖油，以筷子攪拌後放至冷卻。

2 將麵攤平並放入配料

將洋蔥沿著纖維紋路切成薄片。鴻禧菇去除根部後分成小株。去除蝦子背上的腸泥、剝殼，用加入少許鹽的水清洗過後擦乾水分，再撒上少許鹽與胡椒。蒜頭沾裹$\frac{1}{2}$大匙的橄欖油。將放入義大利麵的袋子整平，依序加入洋蔥、鴻禧菇、蝦子、蒜頭。

3 填入醬汁

將A混合，加入2中冷凍。
★詳細的冷凍方法請參考P.9（P.34～P.55作法相同）。

微波完成

12分

冷凍前的準備

10分

（不含義大利麵
冷卻的時間）

肉醬義大利麵

在冷凍期間，肉和醬汁會充分融合，
能享用到彷彿經過長時間熬煮的正統滋味。
有彈性的麵條具有一種令人懷念的味道！

冷凍前的準備

1 將義大利麵放入加了鹽的滾水中（在
1～1.5ℓ的熱水中加入10～15g的鹽
〈熱水總量的1%〉），水煮時間縮短至
比包裝袋上標示的少3分鐘。確實瀝乾
水分，放入冷凍保鮮袋中。加入少許胡
椒、½大匙的橄欖油，以筷子攪拌後放
至冷卻。

2 在調理盆中放入水煮番茄並壓碎，加入
A充分混合攪拌。

3 將放入義大利麵的袋子整平，加入2後
冷凍保存。

材料（1人份）

義大利麵（直徑1.9mm）… 80g
水煮番茄（罐頭／整顆）… 150g
A　綜合絞肉 … 100g
　　洋蔥（切成碎末）… ¼個份（50g）
　　西洋芹（切成碎末）… ¼根份（50g）
　　番茄醬 … 2大匙
　　紅酒 … 2大匙
　　橄欖油 … 1大匙
　　砂糖、鹽 … 各少於½小匙
● 鹽、胡椒、橄欖油
◎850kcal　◎含鹽量4.5g

微波完成

將食材從袋子中取出，放到耐高溫的盤
子中。
蓋上保鮮膜微波5分鐘 ➡ 充分攪拌 ➡
蓋上保鮮膜微波5分鐘 ➡ 攪拌。
盛入容器中，依喜好撒上適量的起司粉
（額外準備）。

★詳細的冷凍前準備和微波完成的方法請參考 P.35。

微波完成
10分

冷凍前的
準備
10分

（不含義大利麵
冷卻的時間）

拿坡里風味
番茄義大利麵

將吸飽了番茄醬風味的配料和義大利麵充分攪拌。
也可以用火腿或是切成薄片的香腸代替培根。

材料（1人份）

義大利麵（直徑1.9mm）… 80g

棕色蘑菇 … 4個（70g）

洋蔥 … ¼個（50g）

培根（薄片）… 2片（30g）

青椒 … 1個（30g）

A ┌ 番茄泥 … ¼杯
│ 番茄醬 … 1½大匙
└ 鹽、胡椒 … 各少許

● 鹽、橄欖油、奶油

◎ 760kcal　◎含鹽量3.1g

冷凍前的準備

1 　將義大利麵放入加了鹽的滾水中
（在1～1.5ℓ的熱水中加入10～
15g的鹽〈熱水總量的1%〉），水
煮時間縮短至比包裝袋上標示的少
3分鐘。確實瀝乾水分，放入冷凍
保鮮袋中。加入½大匙的橄欖油，
以筷子攪拌後放至冷卻。

2 　切除蘑菇的硬蒂，再將蘑菇切成4
等分。洋蔥切成1cm寬的半月形。
培根切成2cm寬。去除青椒的蒂頭
和種籽，縱向切成5mm寬的條狀。

3 　將放入義大利麵的袋子整平，依照
順序加入 2 的配料後，放上2大匙
的奶油（約25g）。將 A 混合、加
入袋中後冷凍。

微波完成

將食材從袋子中取出，放到耐高溫
的盤子中。
蓋上保鮮膜微波4分鐘 ➡ 充分攪拌
➡ 蓋上保鮮膜微波3分鐘 ➡ 攪拌。

★詳細的冷凍前準備和微波完成的方法請參考 P.35。

鱈魚子奶油
義大利麵

用來提味的鹽昆布發揮效果，使料理充滿鮮味。
也可以用明太子取代鱈魚卵，享受微辣的滋味！

微波完成
7分

冷凍前的
準備
10分
（不含義大利麵
冷卻的時間）

材料（1人份）

義大利麵（直徑 1.9 mm）… 80g

A 鱈魚卵（把卵從薄膜中刮出來）
　… ½ 條份（30g）
鹽昆布（切碎）… 1小匙
奶油 … 2½ 大匙（30g）

檸檬汁 … 1小匙

● 鹽、胡椒、橄欖油

◎ 640kcal　　◎ 含鹽量 3.2g

冷凍前的準備

1　將義大利麵放入加了鹽的滾水中
（在 1〜1.5 ℓ 的熱水中加入 10〜
15g 的鹽〈熱水總量的1%〉），水煮
時間縮短至比包裝袋上標示的少3
分鐘。確實瀝乾水分，放入冷凍保
鮮袋中。加入少許胡椒、½ 大匙的
橄欖油，以筷子攪拌後放至冷卻。

2　將放入義大利麵的袋子整平，依照
順序加入 A 的配料後灑上檸檬汁，
冷凍保存。

微波完成

將食材從袋子中取出，放到耐高溫的
盤子中。
蓋上保鮮膜微波3分鐘 ➡ 充分攪拌 ➡
蓋上保鮮膜微波1〜2分鐘 ➡ 攪拌。

　★詳細的冷凍前準備和微波完成的方法請參考 P.35。

微波完成 **7**分

冷凍前的準備 **10**分（不含義大利麵冷卻的時間）

freezing

和風蕈菇義大利麵

將菇類冷凍後，其鮮味會凝縮、風味更加升級。
也可以搭配自己喜歡的菇類。

材料（1人份）

義大利麵（直徑 1.9 mm）… 80g
培根（薄片）… 2片（30g）
新鮮香菇 … 2朵（40g）
鴻禧菇 … ½包（50g）
杏鮑菇 … 1根（40g）

A 　紅辣椒（去籽後切成小圓片）… 1根份
　　蒜頭（切成粗末）… ½瓣份
　　橄欖油 … 1大匙
　　醬油 … 2小匙
　　鹽、胡椒 … 各少許

● 鹽、胡椒、橄欖油

◎ 660kcal 　◎ 含鹽量 3.6g

冷凍前的準備

1　將義大利麵放入加了鹽的滾水中
　（在 1～1.5ℓ 的熱水中加入 10～
　15g 的鹽〈熱水總量的 1%〉），水
　煮時間縮短至比包裝袋上標示的少
　3分鐘。確實瀝乾水分，放入冷凍
　保鮮袋中。加入少許胡椒、½大
　匙的橄欖油，以筷子攪拌後放至冷
　卻。

2　將培根切成 3 cm 寬。香菇切除硬蒂
　後切成一半，再以跟切面垂直的方
　式切成薄片。切除鴻禧菇的根部後
　剝散。杏鮑菇切成一半長度後切成
　4等分，接著縱向切成薄片。將這
　些配料放進調理盆中，加入 **A** 並充
　分攪拌。

3　將放入義大利麵的袋子整平，加入
　2後冷凍保存。

微波完成

將食材從袋子中取出，放到耐高溫
的盤子中。
蓋上保鮮膜微波3分鐘 ➡ 充分攪拌
➡ 蓋上保鮮膜微波2分鐘 ➡ 攪拌。

★詳細的冷凍前準備和微波完成的方法請參考P.35。

酒蒸蛤蜊義大利麵

加入酒再冷凍，就能藉由微波加熱做出酒蒸蛤蜊。
用手拍打冷凍狀態的荷蘭芹，即可快速變成碎末。

微波完成 10分
冷凍前的準備 10分
（不含義大利麵冷卻的時間）

材料（1人份）
義大利麵（直徑1.9mm）… 80g
蛤蜊（吐砂後）… 200g
荷蘭芹 … 1枝（4g）
A ┌ 蒜頭（切成粗末）… 1瓣份
　├ 紅辣椒（去籽後切成小圓片）
　│ … 1根份
　└ 料理酒 … 1大匙
● 鹽、胡椒、橄欖油
◎ 460kcal ◎ 含鹽量2.5g

冷凍前的準備

1 將義大利麵放入加了鹽的滾水中
（在1～1.5ℓ的熱水中加入10～
15g的鹽〈熱水總量的1%〉），水煮
時間縮短至比包裝袋上標示的少3
分鐘。確實瀝乾水分，放入冷凍保
鮮袋中。加入少許胡椒、1大匙的
橄欖油，以筷子攪拌後放至冷卻。

2 將蛤蜊的殼搓洗乾淨。去除荷蘭芹
的莖部。

3 將放入義大利麵的袋子整平，依序
加入蛤蜊、A、荷蘭芹後冷凍保存。

微波完成

用手隔著袋子將荷蘭芹敲打成碎末，將所有食
材從袋子中取出，放到耐高溫的盤子中。
蓋上保鮮膜微波3分鐘 ➡ 充分攪拌 ➡ 蓋上保
鮮膜微波3～4分鐘，直到蛤蜊打開為止 ➡
攪拌。

freezing

海鮮鹽味炒麵

加入許多海鮮配料的鹽味炒麵。
因為炒麵用的油麵很容易黏在一起，
所以先用油脂拌過後再冷凍。

微波完成 **10**分
冷凍前的準備 **5**分
（不含油麵冷卻的時間）

冷凍前的準備

1. 將油麵放入耐高溫的盤子裡，鬆鬆地蓋上保鮮膜，放進微波爐（600W）加熱1分鐘。放入冷凍保鮮袋中用筷子撥散，加入 A 攪拌後放涼。

2. 將蔥斜斜地切成薄片。蝦仁如果有腸泥的話要先挑出，用加了少許鹽的水清洗後擦乾水分。將烏賊切成長3cm寬1cm。將這些材料裹上混合好的 B。

3. 將放入油麵的袋子整平，加入2以後冷凍。

材料（1人份）

油麵（蒸煮／炒麵用）… 1球（150g）
A ┤ 麻油 … 1小匙
  └ 鹽、胡椒 … 各少許
蝦仁 … 100g
烏賊（身體部分）… 80g
蔥 … 1/2根（50g）
B ┤ 醬油 … 1/2大匙
  └ 鹽 … 1/2小匙
● 鹽
◎ 520kcal　◎ 含鹽量6.4g

微波完成

將食材從袋子中取出，放到耐高溫的盤子中。
蓋上保鮮膜微波4分鐘 ➡ 充分攪拌 ➡
蓋上保鮮膜微波4分鐘 ➡ 攪拌。

freezing

日式醬汁炒麵

不使用中濃醬而改用伍斯特醬，
做出清爽且醇厚的風味。

冷凍前的準備

1. 將油麵放入耐高溫的盤子裡，鬆鬆地蓋上保鮮膜，放進微波爐（600W）加熱1分鐘。放入冷凍保鮮袋中用筷子撥散，加入 **A** 攪拌後放涼。

2. 將洋蔥切成7mm寬的半月形。青椒縱向切成一半後去除蒂頭和籽，縱向切成5mm的條狀。豬肉切成2cm寬。將上述材料混合，裹上 **B**。

3. 將放入油麵的袋子整平，加入2和紅薑後冷凍。

材料（1人份）

油麵（蒸煮／炒麵用）… 1球（150g）

A | 麻油 … 1小匙
| 鹽、胡椒 … 各少許

洋蔥 … ¼個（50g）

青椒 … 1個（30g）

豬五花肉（薄片）… 60g

B | 伍斯特醬 … 2大匙
| 鹽、胡椒 … 各少許

紅薑 … 2小匙

◎ 650kcal　◎ 含鹽量5.1g

微波完成

將食材從袋子中取出，放到耐高溫的盤子中。
蓋上保鮮膜微波4分鐘 ➡ 充分攪拌 ➡ 蓋上保鮮膜微波2分鐘 ➡ 攪拌。
盛入容器中，依喜好撒上適量海苔粉（額外準備），並附上適量的美乃滋（額外準備）。

★詳細的冷凍前準備和微波完成的方法請參考 P.35。

醬油炒麵

充滿櫻花蝦風味的日式炒麵。
也可以用小魚乾代替櫻花蝦。

材料（1人份）

油麵（蒸煮／炒麵用）… 1球（150g）

A｜麻油 … 1小匙
　｜鹽、胡椒 … 各少許

鴻禧菇 … ½包（50g）

新鮮香菇 … 1朵（20g）

細蔥 … 6根

櫻花蝦（乾燥）… 略多於1大匙（3g）

B｜醬油 … 1大匙
　｜料理酒 … 1大匙

◎380kcal　◎含鹽量3.8g

冷凍前的準備

1. 將油麵放入耐高溫的盤子裡，鬆鬆地蓋上保鮮膜，放進微波爐（600W）加熱1分鐘。放入冷凍保鮮袋中用筷子撥散，加入A攪拌後放涼。

2. 去除鴻禧菇的根部後剝散。切除香菇的硬蒂後切成7mm厚。細蔥切成3cm的長度。將這些食材和櫻花蝦混合，裹上B。

3. 將放入油麵的袋子整平，加入2後冷凍。

微波完成

將食材從袋子中取出，放到耐高溫的盤子中。
蓋上保鮮膜微波4分鐘 ➡ 充分攪拌 ➡
蓋上保鮮膜微波2分30秒 ➡ 攪拌。

freezing

薑燒醬油炒麵

將薑燒豬肉和炒麵結合在一起！
薑的香氣成為鮮明的味覺焦點。

冷凍前的準備

1 將油麵放入耐高溫的盤子裡，鬆鬆地蓋上保鮮膜，放進微波爐（600W）加熱1分鐘。放入冷凍保鮮袋中用筷子撥散，加入 A 攪拌後放涼。

2 將青椒縱向切成一半，去除蒂頭和籽，切成寬7mm的條狀。和豬肉、薑絲混合後裹上 B。

3 將放入油麵的袋子整平，加入2後冷凍。

材料（1人份）

油麵（蒸煮／炒麵用）… 1球（150g）

A 麻油 … 1小匙
　鹽、胡椒 … 各少許

青椒 … 2個（60g）

豬肉的邊角肉 … 60g

薑（切成細絲）… 1節份（10g）

B 醬油 … ½大匙
　料理酒 … 1大匙

◎540kcal　◎含鹽量2.5g

微波完成

將食材從袋子中取出，放到耐高溫的盤子中。

蓋上保鮮膜微波5分鐘 ➡ 充分攪拌 ➡ 蓋上保鮮膜微波4分鐘 ➡ 攪拌。

★詳細的冷凍前準備和微波完成的方法請參考P.35。

蠔油炒麵

充滿蠔油香氣的正統中式甜辣炒麵。
蠔油的鮮味會在冷凍時滲透進食材中。

微波完成 **10**分

冷凍前的準備 **5**分
（不含油麵冷卻的時間）

材料（1人份）

油麵（蒸煮／炒麵用）… 1球（150g）

A | 麻油 … 1小匙
| 鹽、胡椒 … 各少許

紅蘿蔔 … 3cm（40g）

鴻禧菇 … ½包（50g）

牛肉的邊角肉 … 60g

B | 蠔油 … 1大匙
| 醬油 … ½大匙

◎570kcal　◎含鹽量 4.6g

冷凍前的準備

1　將油麵放入耐高溫的盤子裡，鬆鬆地蓋上保鮮膜，放進微波爐（600W）加熱1分鐘。放入冷凍保鮮袋中用筷子撥散，加入 **A** 攪拌後放涼。

2　將紅蘿蔔切成長3cm、寬1cm的短片狀。去除鴻禧菇的根部後剝散。將這些食材和牛肉混合，裹上 **B**。

3　將放入油麵的袋子整平，加入2後冷凍。

微波完成

將食材從袋子中取出，放到耐高溫的盤子中。蓋上保鮮膜微波4分鐘 ➡ 充分攪拌 ➡ 蓋上保鮮膜微波3分鐘 ➡ 攪拌。

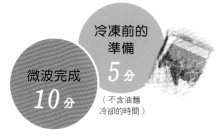

微波完成
10分

冷凍前的準備
5分

（不含油麵
冷卻的時間）

乾拌擔擔麵

很受歡迎的乾拌擔擔麵也可以輕鬆地冷凍起來。
芝麻醬充滿醇厚的風味，讓味道變得更加濃郁。
加入黑醋就更能呈現出味覺的深度。

冷凍前的準備

1. 將油麵放入耐高溫的盤子裡，鬆鬆地蓋上保鮮膜，放進微波爐（600W）加熱1分鐘。放入冷凍保鮮袋中用筷子撥散，加入1小匙麻油混拌後放涼。
2. 將小松菜切成3cm長，以1小匙麻油調拌。
3. 在調理盆中放入A，充分攪拌至產生黏性，加入2大匙的水。
4. 將放入油麵的袋子整平，依照順序放入2和3後冷凍。

材料（1人份）

油麵（蒸煮／炒麵用）… 1球（150g）
小松菜 … 1株（40g）
A　豬絞肉 … 100g
　芝麻醬（白芝麻）… 1½ 大匙
　醬油 … 1大匙
　味噌 … ½ 大匙
　砂糖、黑醋 … 各1小匙
　蒜頭（切成碎末）… ½ 瓣份
　薑（切成碎末）… ½ 節份（5g）
　辣油 … ½ 小匙
　榨菜（調味過／切成碎末）
　　… 10g
● 麻油
◎ 850kcal　　◎ 含鹽量5.0g

微波完成

將食材從袋子中取出，放到耐高溫的盤子中。
蓋上保鮮膜微波5分鐘 ➡ 充分攪拌 ➡
不蓋保鮮膜微波3分鐘 ➡ 攪拌。

★詳細的冷凍前準備和微波完成的方法請參考P.35。

什錦米粉

米粉不太會變得糊糊軟軟的，所以很適合冷凍。
泡開後剪成方便食用的長度，再加入油調拌開來。

冷凍前的準備

1. 將米粉放入耐高溫的調理盆中，倒入熱水，放置3分鐘後瀝乾水分，用料理剪刀剪成方便食用的長度。放入冷凍保鮮袋中，加入 **A** 混拌後放涼。

2. 切下香菇的硬蒂，切成一半後再沿著切面直角下刀切成薄片。紅蘿蔔縱向切成一半後斜斜切成薄片。細蔥切成2～3cm的長度。豬肉切成2cm寬。

3. 將放入米粉的袋子整平，依序放入 2、混合好的 **B** 後冷凍。

材料（1人份）

米粉（乾燥）… 50g

A 麻油 … 1大匙
　　鹽、胡椒 … 各少許

新鮮香菇 … 1朵（20g）

紅蘿蔔 … 2cm（20g）

細蔥 … 5根

豬五花肉（薄片）… 60g

B 水 … 5大匙
　　醬油 … 2小匙
　　顆粒雞高湯調味粉（中式風味）… ½小匙
　　檸檬汁 … ½小匙

◎580kcal　◎含鹽量3.0g

微波完成

將食材從袋子中取出，放到耐高溫的盤子中。
蓋上保鮮膜微波4分鐘 ➡ 充分攪拌
➡ 蓋上保鮮膜微波2分鐘 ➡ 攪拌。

★詳細的冷凍前準備和微波完成的方法請參考 P.35。

香辣米粉

把米粉和辣油風味的食材一起冷凍起來。
堅果和櫻花蝦的口感成為一大亮點。

材料（1人份）

米粉（乾燥）… 50g

A 麻油 … 1大匙
　　鹽、胡椒 … 各少許

B 韭菜（切成細段）… 4根份（30g）
　　薑（切成碎末）… 1節份（10g）
　　綜合堅果
　　　（下酒菜用／大略切碎）… 40g
　　櫻花蝦（乾燥）… 2大匙（6g）
　　水 … 2大匙
　　麻油、醬油 … 各2小匙
　　黑醋 … 1小匙
　　豆瓣醬 … ½小匙
　　砂糖 … 1小撮

◎ 700kcal　　◎ 含鹽量3.0g

冷凍前的準備

1　將米粉放入耐高溫的調理盆中，倒入熱水，放置3分鐘後瀝乾水分，用料理剪刀剪成方便食用的長度。放入冷凍保鮮袋中，加入 **A** 混拌後放涼。

2　將放入米粉的袋子整平，加入混合好的 **B** 後冷凍。

freezing

微波完成

將食材從袋子中取出，放到耐高溫的盤子中。
蓋上保鮮膜微波4分鐘 ➡ 充分攪拌 ➡ 蓋上保鮮膜微波1分鐘 ➡ 攪拌。

芝麻魩仔魚米粉

充滿芝麻和魩仔魚香氣，且鮮味滿滿的和食風味。
加入大量香料蔬菜，讓風味更棒吧！

冷凍前的準備

1 將米粉放入耐高溫的調理盆中，倒入熱水，放置3分鐘後瀝乾水分，用料理剪刀剪成方便食用的長度。放入冷凍保鮮袋中，加入 A 混拌後放涼。

2 將蔥斜斜切成薄片。薑切成細絲。紅色甜椒縱向切成一半，去除蒂頭和籽，再縱向切成5mm寬。

3 將放入米粉的袋子整平，依序放入 2、B 和混合好的 C 後冷凍。

材料（1人份）

米粉（乾燥）… 50g

A ｜ 麻油 … 1大匙
　｜ 鹽、胡椒 … 各少許

蔥 … ½根（50g）

薑 … ½節（5g）

紅色甜椒 … 1個（30g）

B ｜ 魩仔魚乾 … 2大匙（10g）
　｜ 白芝麻 … 2小匙

C ｜ 水 … 3大匙
　｜ 麻油 … 2小匙
　｜ 醬油 … 1小匙
　｜ 鹽 … ½小匙

◎500kcal　◎含鹽量5.0g

微波完成

將食材從袋子中取出，放到耐高溫的盤子中。

蓋上保鮮膜微波4分鐘 ➡ 充分攪拌 ➡ 蓋上保鮮膜微波2分鐘 ➡ 攪拌。

★詳細的冷凍前準備和微波完成的方法請參考 P.35。

炒烏龍麵

可以享受到柔軟口感的炒烏龍麵。
以將麵條裹上油脂代替拌炒的步驟。

材料（1人份）

烏龍麵（市售品）＊⋯ 1球（180g）

紅蘿蔔 ⋯ 3cm（40g）

洋蔥 ⋯ ¼個（50g）

豬五花肉（薄片）⋯ 60g

A｛ 柴魚片 ⋯ ½小袋（2g）
　　醬油、味醂 ⋯ 各1大匙

● 沙拉油

◎ 610kcal　◎ 含鹽量3.3g

＊也可以將乾燥的烏龍麵條水煮過後使用。

冷凍前的準備

1　將烏龍麵放入冷凍保鮮袋中，加入2小匙沙拉油攪拌。

2　將紅蘿蔔切成扇形薄片。洋蔥切成薄片。豬肉切成2cm寬。把上述食材與A一起混合攪拌。

3　將放在袋中的烏龍麵整平，加入2後冷凍保存。

微波完成

將食材從袋子中取出，放到耐高溫的盤子中。
蓋上保鮮膜微波3分鐘 ➡ 充分攪拌 ➡ 蓋上保鮮膜微波3分鐘 ➡ 攪拌。

freezing

炸豆皮烏龍麵

以昆布和柴魚片取代高湯做成的湯烏龍麵。
因為要讓湯汁溶解，在微波時需要多花些時間。

冷凍前的準備

1 將烏龍麵放入冷凍保鮮袋中。

2 以繞圈的方式在炸豆皮上淋上熱水、去除油脂，將炸豆皮切成1㎝寬的短條狀。將珠蔥斜斜切成薄片。

3 將放在袋中的烏龍麵整平，依序加入2和A後冷凍保存。

材料（1人份）
烏龍麵（市售品）*… 1球（180g）
炸豆皮 … 1片
珠蔥 … 1根
A 水 … 360㎖
　 薄口醬油 … 2大匙
　 味醂 … 2大匙
　 鹽 … 少許
　 昆布（2㎝的正方形小塊）… 1片
　 柴魚片 … ½小袋（2g）
◎380kcal** ◎含鹽量4.6g**
＊也可以將乾燥的烏龍麵條水煮過後使用。
＊＊湯汁以⅔的量計算。

微波完成

將食材從袋子中取出，放到耐高溫的碗中。
蓋上保鮮膜微波10分鐘 ➡ 充分攪拌 ➡ 不蓋保鮮膜，微波5分鐘至沸騰。
盛入容器中，依喜好撒上適量的七味辣椒粉（額外準備）。

★詳細的冷凍前準備和微波完成的方法請參考 P.35。 54

微波完成 **15**分

冷凍前的準備 **5**分

薑汁燴烏龍

讓薑汁恰到好處的濃稠感暖和身體，京都風味的烏龍麵。
口感柔軟，也很適合當成感冒時的養病餐點。

材料（1人份）

烏龍麵（市售品）* … 1球（180g）

青蔥 … 4根

A　水 … 2杯
　　味醂 … 2½大匙
　　醬油 … 1½大匙
　　柴魚片 … ½小袋（2g）
　　薑（磨成泥）… ½節份（5g）
　　日式太白粉（片栗粉）… 2～3小匙

◎290kcal** 　◎含鹽量3.2g**

＊也可以將乾燥的烏龍麵條水煮過後使用。

＊＊湯汁以⅔的量計算。

冷凍前的準備

1　將青蔥斜斜地切成薄片。

2　將烏龍麵、青蔥依序放入冷凍保鮮袋中，倒入混合好的 A 後冷凍。

freezing

微波完成

將食材從袋子中取出，放到耐高溫的碗中。
蓋上保鮮膜微波10分鐘 ➡ 充分攪拌 ➡ 不蓋保鮮膜，微波4分鐘至沸騰且產生黏稠感為止。

冷凍前的
準備
5分

我原本是以市面上販售的即食味噌湯包來搭配冷凍食譜，但出乎意料地花錢，所以後來換成自己製作的即食味噌湯。重點是用會產生鮮味的素材和味噌混合攪拌，以取代高湯。在冷凍期間，鮮味會充分地滲透到味噌中。

只要加入熱水就能做出味噌湯！

冷凍味噌湯

材料（便於製作的分量）

A | 味噌 ⋯ 500g
柴魚片 ⋯ 4小袋（16g）
小魚乾粉 ⋯ 4大匙
白芝麻 ⋯ 3大匙
海帶芽（乾燥）⋯ 2大匙
細蔥（切成蔥花）⋯ ½把份（50g）

昆布（5cm長）⋯ 2～3片

◎ 1320kcal（全部分量）

◎ 含鹽量65.2g（全部分量）

加入熱水完成

舀出1大匙冷凍味噌湯（參照右方作法）放入碗中（如照片）。倒入1杯熱水，攪拌至溶解。

味噌就算冷凍也不會結凍成很硬的狀態，所以不需要花時間解凍。

冷凍前的準備

將**A**充分混合攪拌，放入可以冷凍保存的容器內，將昆布等距離插進味噌裡。覆上保鮮膜（參照下方照片），蓋上蓋子冷凍。

保存　可置於冷凍庫中約2個月

夾著一層保鮮膜，可以避免蓋子變髒。

有了湯品後，
冷凍料理的陣容
也更豐富了。

冷凍料理調理包

為了輕鬆享用配飯必備的菜餚，將調味好的食材預先冷凍保存。

冷凍後狀態會改變的食材，則在要吃之前才加入。

料理可用微波爐加熱，或是以平底鍋等鍋具加熱。

將後來才加入的食材做些改變，就能變化出另一道料理，

所以寄給家人時，一種調理包寄個2～3包也沒問題。

甜辣蝦仁調理包

新鮮番茄製作的酸辣醬是絕品美味。
在冷凍期間，帶點甜和酸的辣味
會充分滲透進蝦仁裡。

微波完成
12分

微波加熱就完成了！
甜辣蝦仁

即使用微波爐加熱，蝦仁也不會變得乾乾
的，可以享受充滿水分和彈性的口感。也很
適合放在白飯上做成蓋飯！

材料（1人份）
甜辣蝦仁調理包（參照右方食譜）
　… 全部分量

材料（1人份）
蝦子（無頭／帶殼）… 小的10尾（150g）
番茄 … 1個（150g）
A 番茄醬 … 1大匙
　　 醬油 … 1小匙
　　 日式太白粉（片栗粉）… 1小匙
B 蔥（切成碎末）… 1大匙（10g）
　　 蒜頭（切成碎末）… ½瓣份
　　 薑（切成碎末）… ½節份（5g）
豆瓣醬 … ¼小匙
● 鹽、料理酒、日式太白粉（片栗粉）、麻油
◎ 240kcal　◎含鹽量2.4g

微波完成

將甜辣蝦仁調理包從袋子中取出，放
到耐高溫的盤子中。
鬆鬆地蓋上保鮮膜微波5分鐘（600W）
➡ 充分攪拌（如照片）➡ 不蓋保鮮膜
微波5分鐘。

冷凍前的準備

1　去除番茄的蒂頭後滾刀切，和 **A** 混合。

2　將蝦子剝殼後開背，取出腸泥。用加入
　　少許鹽的水清洗，擦乾水分。依序以少
　　許鹽、1小匙料理酒、½小匙日式太白
　　粉（片栗粉）沾裹蝦仁。

3　在冷凍保鮮袋中放入蝦仁，加入 *1* 和 **B**
　　後整平。依序加上豆瓣醬和½大匙的麻
　　油，冷凍保存。

在半解凍的狀態下充分攪
拌，讓蝦仁和醬汁融合。

俄羅斯風味燉牛肉調理包

在冷凍期間味道會充分滲透融合，
只要微波就能做出燉煮的滋味。
在牛肉上撒上麵粉，所以能產生些許黏稠感。

冷凍前的準備

1 將洋蔥切成薄片。紅蘿蔔切成扇形薄片。去除棕色蘑菇的硬蒂後，切成5mm厚的薄片。將牛肉切成方便食用的大小，依序沾裹**A**。

2 將**B**混合。

3 在冷凍保鮮袋中依序放入1的牛肉、洋蔥、紅蘿蔔、蘑菇後，加入2，放上1大匙的奶油（約10g），冷凍保存。

材料（1人份）
牛肉的邊角肉 ⋯ 100g
A 鹽、胡椒 ⋯ 各少許
麵粉 ⋯ 1大匙
洋蔥 ⋯ ¼個（50g）
紅蘿蔔 ⋯ 2cm（20g）
棕色蘑菇 ⋯ 2個（35g）
B 水 ⋯ 1杯
番茄醬、紅酒 ⋯ 各2大匙
伍斯特醬 ⋯ 1大匙
鹽、胡椒 ⋯ 各少許
● 奶油
◎ 500kcal　◎ 含鹽量3.8g

freezing

牛肉燴飯

放在白飯上就能做出牛肉燴飯！

材料（1人份）與作法
將俄羅斯風味燉牛肉調理包（參照上方食譜）全部分量，以和P.61「俄羅斯風味燉牛肉」一樣的方式微波加熱，在盤子裡盛入200g白飯（溫熱的）後淋上。
◎ 830kcal　◎ 含鹽量3.8g

微波加熱就完成了！
俄羅斯風味燉牛肉

以紅酒的濃醇做出具有深度又高雅的滋味。
剛加熱後口感清爽，放涼後則會產生黏稠感。
也可以在加熱完成時附上酸奶油或鮮奶油。

微波完成

將俄羅斯風味燉牛肉調理包從袋子中取
出，放到耐高溫的盤子中。
鬆鬆地蓋上保鮮膜微波10分鐘（600W）
➡ 充分攪拌（如照片）➡ 蓋上保鮮膜
微波5分鐘 ➡ 攪拌 ➡ 蓋上保鮮膜微波3
分鐘。

在半解凍的狀態下充
分攪拌均勻，使整體
融合。

材料（1人份）
俄羅斯風味燉牛肉調理包
（參照P.60的食譜）
… 全部分量

freezing

冷凍前的
準備
5分

馬鈴薯燉肉
調理包

並未加入不適合冷凍的馬鈴薯，
讓牛肉和洋蔥吸收醬汁的味道。
加入柴魚片取代高湯。

材料（1人份）
牛肉的邊角肉 … 100g
洋蔥 … ¼ 個（50g）
A　水 … 5大匙
　　醬油、料理酒 … 各1大匙
　　砂糖、味醂 … 各1小匙
柴魚片 … ¼ 小袋（1g）
◎360kcal　◎含鹽量2.7g

冷凍前的準備

_1_ 將洋蔥切成薄片。將牛肉切成方便食用
　的大小。

_2_ 將 A 混合。

_3_ 在冷凍保鮮袋中依序放入 _1_ 的牛肉、洋
　蔥、柴魚片後整平。加入 _2_，冷凍保存。

微波完成
15分

微波加熱就完成了！
牛肉蓋飯

加熱後放在白飯上，就能做出牛肉蓋飯！
最後一次加熱時不蓋保鮮膜，
讓醬汁產生熬煮的風味。

材料（1人份）
馬鈴薯燉肉調理包（參照右方食譜）
　… 全部分量
白飯（溫熱的）… 200g
紅薑 … 適量
◎690kcal　◎含鹽量2.8g

微波完成

從袋中取出馬鈴薯燉肉調理包，放到
耐高溫的盤子中。
鬆鬆地蓋上保鮮膜微波8～10分鐘
（600W）➡ 充分攪拌 ➡ 不蓋保鮮膜
微波3分鐘。
放入已經盛入白飯的碗中，依喜好放
上紅薑。

＋馬鈴薯後以平底鍋加熱！

馬鈴薯燉肉

一邊讓馬鈴薯燉肉調理包解凍，一邊使馬鈴薯入味。
重點在於將馬鈴薯放在調理包會在鍋中融出的位置。

1 將馬鈴薯切成比一口大小略大些。泡水5分鐘，再取出瀝乾水分。

2 從袋中取出馬鈴薯燉肉調理包，放在平底鍋的正中央。接著將馬鈴薯排放在周圍（如照片），蓋上鍋蓋，開中火加熱。煮滾後混合攪拌，轉為小火、蓋上鍋蓋，再煮5分鐘。

3 打開鍋蓋後開大火，再煮2分鐘左右，一邊將整體混合均勻，一邊煮至湯汁收乾為止。

將馬鈴薯排放在開始融化的馬鈴薯燉肉調理包材料周圍，開火加熱。

材料（1人份）
馬鈴薯燉肉調理包
　（參照P.62的食譜）
　　… 全部分量
馬鈴薯 … 2個（300g）
◎590kcal　◎含鹽量2.7g

微波完成
20分

＋豆腐後以平底鍋加熱！

肉豆腐

將馬鈴薯換成豆腐，就能做出肉豆腐。
加熱到調理包材料半解凍時放入豆腐，就能充分燉煮入味。

1 將豆腐切成4等分。

2 從袋中取出馬鈴薯燉肉調理包，放在平底鍋的正中央，蓋上鍋蓋後開中火加熱，沸騰後再煮5分鐘。將配料都聚集到鍋子的一邊，在空出的位置放入豆腐（如照片），蓋上鍋蓋後以小火煮約5分鐘。

3 將馬鈴薯燉肉調理包材料攪拌混合後，不蓋鍋蓋煮2分鐘。盛入容器中，依照喜好撒上七味辣椒粉。

為了避免在煮的時候把豆腐弄碎，要和配料分開煮。

材料（1人份）
馬鈴薯燉肉調理包
（參照P.62的食譜）
… 全部分量
涓豆腐 … ½塊（150g）
七味辣椒粉 … 適量
◎440kcal　◎含鹽量2.7g

材料（1人份）

豬絞肉 … 100g

韭菜 … 4根（20g）

蒜頭（切成碎末）… 1/2 瓣份

薑（切成碎末）1/2 節份（5g）

A　水 … 1/2 杯

　　酒 … 1 大匙

　　紅味噌（或是一般的味噌）… 2 小匙

　　日式太白粉（片栗粉）、醬油

　　　… 各 1 小匙

　　砂糖 … 1/4 小匙

　豆瓣醬 … 1/2 小匙

● 鹽、胡椒、麻油

◎ 410kcal　　◎ 含鹽量 3.3g

冷凍前的準備

1 在絞肉中撒入少許鹽和胡椒。將韭菜切成 7 ～ 8mm 寬。

2 將蒜頭和薑混合，再加入 1 大匙麻油攪拌。

3 將 A 混合攪拌。

4 將 1 和 2 依序放入冷凍保鮮袋中，淋上豆瓣醬。從袋子外搓揉後整平，加入 3，冷凍保存。

冷凍前的
準備
10 分

麻婆醬

可以享受各種麻婆風味料理且很便利。
因為是使用紅味噌製作，
能做出很適合配飯吃的家常味道。
用相同分量的甜麵醬代替紅味噌也 OK。

微波完成

從袋子中取出後，放到耐高溫的盤子中。
鬆鬆地蓋上保鮮膜，微波 5 分鐘（600W）➡ 充分攪拌 ➡ 蓋上保鮮膜微波 5 分鐘 ➡ 攪拌 ➡ 不蓋保鮮膜微波 3 分鐘。

麻婆醬拌麵

用冷凍麵條也可以加工製作。

冷凍前的準備

材料（1人份）和作法

1 將 1 球（150g）油麵（蒸煮／炒麵用）放入耐高溫容器中，鬆鬆地蓋上保鮮膜，放進微波爐（600W）加熱 1 分鐘。放入冷凍保鮮袋中用筷子撥散，加入 1 小匙麻油、少許鹽和胡椒攪拌混合，放涼後將形狀整平。

2 將麻婆醬的材料（參照上方食譜）全部以和「麻婆醬」相同的作法製作，加入 1 中，冷凍保存。

◎ 750kcal　　◎ 含鹽量 4.4g

★詳細的冷凍方法請參考 P.9。

＋豆腐後以平底鍋加熱！

麻婆豆腐

將充分吸收香辣滋味的食材和豆腐混合在一起。
比起花椒粉，以紅味噌為基底製作的麻婆醬更適合加入山椒粉。

1 將豆腐切成 1.5 cm的塊狀。

2 將麻婆醬從袋中取出，放入平底鍋中開中火加熱。先煮5分鐘，用木鏟將整體拌開。

3 在麻婆醬融解出湯汁處加入豆腐（如照片），蓋上鍋蓋並不時打開鍋蓋攪拌，煮約7～8分鐘。盛入容器中，依喜好撒上山椒粉。

加熱到麻婆醬半解凍時放入豆腐，能使豆腐更加入味。

材料（1人份）
麻婆醬（參照P.66的食譜）
　… 全部分量
涓豆腐 … ½塊（150g）
山椒粉 … 適量
◎500kcal　◎含鹽量3.3g

＋茄子後微波加熱！
麻婆茄子

麻婆醬解凍到一半時，加入事先裹上油脂的茄子！
微波加熱可以用少一點的油，所以比較健康。

材料（1人份）
麻婆醬（參照P.66的食譜）
　… 全部分量
茄子 … 2個（120g）
●麻油
◎530kcal　◎含鹽量3.3g

微波完成

1 去除茄子的蒂頭，間隔削去茄子的皮（削成如條紋般）。將長度切成一半後再切成4等分，泡水5分鐘。瀝乾水分、淋上2小匙麻油，讓茄子裹上油脂（如照片1）。

2 將麻婆醬從袋中取出，放入耐高溫容器中，鬆鬆地蓋上保鮮膜，微波5分鐘（600W）。充分攪拌後在周圍放入茄子（如照片2）。蓋上保鮮膜微波3分鐘，混合攪拌。最後去掉保鮮膜，再微波加熱3分鐘。

1

在茄子上淋上油脂，取代拌炒的步驟。

2

在麻婆醬融出醬汁的地方放上茄子，使茄子更入味。

＋冬粉後以平底鍋加熱！

麻婆冬粉

一邊吸收麻婆醬汁的美味一邊變軟的冬粉，風味絕佳！
也可以在最後完成時加入少許醬油和辣油。

1 將冬粉快速過一下水後放入淺盤中，放置約5分鐘。

2 將麻婆醬從袋中取出，放入平底鍋中，再放上1的冬粉（如照片），加入1杯水後蓋上鍋蓋，以中火加熱5分鐘。用筷子混合攪拌後，蓋上鍋蓋再煮2分鐘。

3 打開鍋蓋，一邊攪拌一邊煮約3分鐘，直到冬粉變軟為止。

讓冬粉先稍微沾附一些水分，接著一邊煮一邊泡軟，就會很入味。

材料（1人份）
麻婆醬（參照P.66的食譜）
　… 全部分量
冬粉（乾燥）… 30g
◎ 520kcal　◎含鹽量3.3g

＋起司後微波加熱！

韓式
辣炒雞肉

只要加入起司再微波加熱就能完成！
讓雞肉和蔬菜裹滿香濃的起司吧！

材料（1人份）
韓式辣炒雞肉調理包（參照右方食譜）
　… 全部分量
披薩用起司絲 … 60g
◎ 860kcal　◎含鹽量3.4g

微波完成

1　將韓式辣炒雞肉調理包從袋中取
　　出，從肉類和蔬菜的交界處分開，
　　依照雞肉、蔬菜的順序重疊放入
　　耐高溫容器中。鬆鬆地蓋上保鮮
　　膜，微波加熱7分鐘（600W）。快
　　速攪拌一下，蓋上保鮮膜，微波加
　　熱3分鐘後再次攪拌。

2　將食材推開到容器邊緣，在中央
　　空出來的地方放入起司絲（如照
　　片）。接著不蓋保鮮膜微波加熱
　　約3分鐘，讓起司融化開來。

為了方便將食材裹上起司
享用，所以把起司放在正
中央。

冷凍前的準備 5分

韓式
辣炒雞肉
調理包

將大受歡迎的韓式料理「辣炒雞肉」先去掉起
司，做成調理包後冷凍起來。
充滿韓式辣醬的甜辣滋味，而且營養豐富！

材料（1人份）
雞腿肉 … 小的1片（200g）
洋蔥 … ¼個（50g）
紅蘿蔔 … 2cm（20g）
韭菜 … ⅓把（35g）
A｜甜辣醬、麻油、料理酒 … 各1大匙
　｜味醂 … 1小匙
　｜蒜頭（磨成泥）… ½瓣份
● 鹽、胡椒
◎ 630kcal　◎含鹽量2.2g

冷凍前的準備

1　將洋蔥切成1cm寬的半月形。紅蘿蔔切
　　成寬1cm的短條狀。韭菜切成3cm長。
　　雞腿肉切成1口大小，撒上少許鹽和胡
　　椒。

2　將A混合攪拌。

3　將雞肉、洋蔥、2、紅蘿蔔、韭菜依序放
　　入冷凍保鮮袋後整平，冷凍保存。

★詳細的冷凍方法請參考P.9。

＋地瓜後微波加熱！

蒸煮辣味地瓜雞

地瓜的甜味和香辣的滋味是絕佳組合。
也可以用馬鈴薯代替地瓜。

材料（1人份）
韓式辣炒雞肉調理包
　（參照 P.70 的食譜）
　…全部分量
地瓜 … 200g
◎ 910kcal　◎含鹽量 2.4g

微波完成

1 將地瓜帶皮切成 1cm 厚的圓片，泡水 5 分鐘之後取出。不需擦乾水分直接放到耐高溫容器中。

2 將韓式辣炒雞肉調理包從袋中取出，從肉類和蔬菜的交界處分開，依照雞肉、蔬菜的順序重疊放在地瓜上（如照片）。鬆鬆地蓋上保鮮膜，微波加熱 8 分鐘（600W）。快速攪拌一下調理包材料（地瓜不需攪拌）。

3 蓋上保鮮膜，微波加熱約 3 分鐘，直到竹籤可以輕鬆戳入地瓜為止。

地瓜放在下面，就能在微波時吸收調理包的醬汁，變得更加入味。

＋冬粉後以平底鍋加熱！

韓式辣炒冬粉

因為韓式辣醬的滋味而非常下飯的韓式辣炒冬粉。
將調理包和冬粉一起加熱，讓冬粉慢慢吸收風味。

1 將冬粉快速過一下熱水後放入淺盤
中，放置約5分鐘。

2 將韓式辣炒雞肉調理包從袋中取
出，放入平底鍋中，放上1的冬粉
（如照片）。蓋上鍋蓋後以較小的
中火加熱約13分鐘。在煮的過程中
用筷子攪拌2～3次，讓整體都能
均勻加熱。打開鍋蓋後以中火炒約1
分鐘，使水分蒸發。

放上冬粉，使冬粉一
邊軟化一邊入味。

材料（1人份）
韓式辣炒雞肉調理包
　（參照P.70的食譜）
　… 全部分量
冬粉（乾燥）… 20g
◎700kcal　◎含鹽量2.2g

＋豆腐＆雞蛋後
以平底鍋加熱！

沖繩苦瓜
炒總匯

將豆腐煎炒出香氣後，
再和其他配料混合。

材料（1人份）
沖繩苦瓜炒總匯調理包
　（參照右方食譜）
　…全部分量
木棉豆腐 … ½塊（150g）
蛋液 … 1個份
◎540kcal　◎含鹽量2.8g

＋麵線後
以平底鍋加熱！

沖繩苦瓜
炒總匯麵線

加入麵線拌炒，
就能做出配料滿滿的主食。

材料（1人份）
沖繩苦瓜炒總匯調理包
　（參照右方食譜）
　…全部分量
麵線 … 1束（50g）
●麻油
◎630kcal　◎含鹽量2.8g

---

freezing

冷凍前的
準備
5分

沖繩苦瓜
炒總匯
調理包

在苦瓜盛產的夏天裡，非常推薦的常備料理。
冷凍後的苦瓜軟硬度恰到好處，
苦味也會變得更溫和，
成為很順口的料理。

材料（1人份）
苦瓜 … 大的¼條（60g）
豬肉的邊角肉 … 100g
鴻禧菇 … ⅓包（30g）
A　鹽 … ¼小匙
　　醬油、料理酒、麻油 … 各1小匙
薑（切成細絲）… ½節份（5g）
柴魚片 … ¼小袋（1g）
◎360kcal　◎含鹽量2.5g

冷凍前的準備

1　用湯匙挖除苦瓜的瓜瓤後，切成3mm厚
　的半月形。切除鴻禧菇的根部後剝散。

2　將豬肉依序裹上A，放入冷凍保鮮袋
　中。依序加入鴻禧菇、薑、苦瓜後整
　平，撒入柴魚片，冷凍保存。

微波完成
25分

1　將豆腐用紙巾包起來，放置15分鐘，去除水分。

2　將沖繩苦瓜炒總匯調理包從袋中取出，放入平底鍋蓋上鍋蓋，開中火以半煎半蒸的方式加熱約3分鐘。

3　打開鍋蓋拌炒1分30秒後，把食材都推到鍋子的一側。在騰出來的空間中加入撕碎的豆腐，將豆腐的兩面各煎1分30秒。

4　將整體大致混合拌炒，開大火加入蛋液，快速拌炒混合在一起。

微波完成
15分

1　將麵線依照包裝上標示的時間水煮，再以清水搓洗、去除黏性。用網篩撈起後瀝乾水分，加入2小匙麻油讓整體均勻裹上。

2　將沖繩苦瓜炒總匯調理包從袋中取出，放入平底鍋蓋上鍋蓋，開中火以半煎半蒸的方式加熱約3分鐘。

3　打開鍋蓋後繼續拌炒1分30秒左右，加入麵線後再炒約2分鐘。

微波加熱就完成了！

韓式泡菜炒豬肉

微波完成
12分

可以作為正餐的一道菜享用，
也很適合當啤酒的下酒菜！

材料（1人份）
韓式泡菜炒豬肉調理包（參照右方食譜）… 全部分量

微波完成

從袋子中取出，放在耐高溫的容器中。
鬆鬆地蓋上保鮮膜後，微波加熱5分鐘
（600W）➡ 充分攪拌 ➡ 不蓋保鮮膜微
波加熱4～5分鐘。

＋豆腐後用鍋子調理完成！

韓式泡菜鍋

加水後味道會變淡，
所以加入醬油補足風味。

微波完成
15分

材料（1人份）
韓式泡菜炒豬肉調理包
　（參照右方食譜）… 全部分量
A　水 … 1¼杯
　　醬油 … 1小匙
涓豆腐 … ¼塊（75g）
磨碎的白芝麻 … 1小匙
◎ 650kcal　◎含鹽量3.7g

1 將韓式泡菜炒豬肉調理包從袋中取出，
剝成數塊放入鍋子裡，加入A並蓋上鍋
蓋，以中火加熱。加熱到開始解凍後，要
時常掀開鍋蓋攪拌一下，煮約10分鐘。

2 煮至完全解凍且煮滾後，加入剝成小塊的
豆腐，不需蓋上鍋蓋直接再煮2分鐘。盛
入容器中，依喜好撒上磨碎的白芝麻。

freezing

冷凍前的
準備
5分

韓式泡菜炒豬肉調理包

想要增強體力時，冷凍庫裡
有一份這樣的調理包就會很開心。
冷凍期間，泡菜的鮮甜會在
整個袋中擴散開來。

材料（1人份）
豬五花肉（薄片）… 100g
A　鹽、胡椒 … 各少許
　　麻油、料理酒 … 各1小匙
韓式泡菜（白菜）… 50g
蔥 … 5cm（30g）
B　醬油 … ½大匙
　　味醂 … 1小匙
　　麻油 … 2小匙
　　磨碎的白芝麻 … 1小匙
◎ 600kcal　◎含鹽量2.8g

冷凍前的準備

1 將泡菜切段。蔥則斜切成薄
片。

2 將豬肉切成3cm寬後沾裹A，
放入冷凍保鮮袋中。依序加入
泡菜、蔥，接著再依序加入B
的調味料後整平，冷凍保存。

堤 人美

料理研究家。出生於日本的京都府。總是以身邊常見的食材與淺顯易懂的作法，為大家介紹能安心品嚐美味料理的食譜。除了在雜誌、書籍及各項活動中非常活躍之外，也會在NHK電視台的「きょうの料理」、「あさイチ」等節目中提供食譜。從實際生活經驗中誕生的冷凍料理食譜完成度相當高，讓許多原本不喜歡冷凍料理或微波食物的人也都可以接受。另外，也致力於研究醃漬梅乾、釀造果實酒、製作果醬等，與季節相關的手作事物。

STAFF

書本設計	塚田佳奈（ME&MIRACO）
攝影	原ヒデトシ
造型	本鄉由紀子
營養計算	宗像伸子
編輯	宇田真子
	小村郁世（NHK出版）
編輯協助	小林美保子
	日根野晶子

NHK きょうの料理 冷凍快煮一人餐

會用微波爐就會煮！
營養均衡、方便省時的烹飪密技

2021年4月1日初版第一刷發行

作　者	堤 人美
譯　者	黃嫣容
編　輯	陳映潔
美術設計	黃瀞瑢
發行人	南部裕
發行所	台灣東販股份有限公司
	＜地址＞台北市南京東路4段130號2F-1
	＜電話＞（02）2577-8878
	＜傳真＞（02）2577-8896
	＜網址＞www.tohan.com.tw
郵撥帳號	1405049-4
法律顧問	蕭雄淋律師
總經銷	聯合發行股份有限公司
	＜電話＞（02）2917-8022

NHK KYOU NO RYOURI OTODOKE REITOU
RECIPE HITORIBUN
©2019 TSUTSUMI HITOMI
Originally published in Japan in 2019 by NHK
Publishing, Inc.,TOKYO.
Traditional Chinese translation rights arranged
with NHK Publishing, Inc.TOKYO, through TOHAN
CORPORATION, TOKYO.

NHK きょうの料理　冷凍快煮一人餐：會用微波
　爐就會煮！營養均衡、方便省時的烹飪密技 /
　堤 人美著；黃嫣容譯. -- 初版. --臺北市：臺灣
　東販, 2021.04
　80面；18.2×25.7公分
　ISBN 978-986-511-652-1（平裝）

　1. 食譜

427.1　　　　　　　　　　　　　　　110002657